ANALYSE

DES

EAUX MINÉRALES

DE

BAGNÈRES-DE-BIGORRE

PAR

M. E. FILHOL

DIRECTEUR DE L'ÉCOLE DE MÉDECINE DE TOULOUSE,
PROFESSEUR DE CHIMIE A LA FACULTÉ DES SCIENCES DE CETTE VILLE,
MEMBRE CORRESPONDANT DE L'ACADÉMIE IMPÉRIALE DE MÉDECINE,
CHEVALIER DE LA LÉGION-D'HONNEUR.

BAGNÈRES-DE-BIGORRE

IMPRIMERIE DE DOSSUN, ÉDITEUR-LIBRAIRE, PLACE NAPOLÉON

1861

ANALYSE

DES

EAUX MINÉRALES DE BAGNÈRES-DE-BIGORRE

Les eaux minérales de Bagnères-de-Bigorre jouissent depuis longtemps d'une réputation considérable et bien méritée. Des médecins consciencieux et éclairés en ont observé les effets sur de nombreux malades, et tous s'accordent pour leur attribuer une incontestable efficacité dans le traitement d'une foule d'affections.

Pendant plusieurs années, les sources de Bagnères ont attiré à elles un tel nombre de visiteurs, qu'elles l'emportaient sur presque toutes les autres localités thermales des Pyrénées.

Cependant ce succès, qui n'était certainement dû ni à la mode, ni au caprice des médecins ou des malades, a sensiblement diminué; les sources de cette belle station, quoiqu'elles occupent toujours un rang distingué parmi les eaux minérales du Midi de la France, ne sont plus l'objet d'une prédilection aussi marquée qu'autrefois. (1)

Plusieurs causes ont probablement concouru à produire ce résultat, mais la plus considérable de toutes, à mon avis, est la richesse même de Bagnères en eaux minérales.

Sur presque tous les points de la ville, qui avoisinent la montagne au pied de laquelle est bâti l'Etablissement thermal, naissent des sources plus ou moins chaudes, plus ou moins minéralisées, et qui présentent une analogie des plus grandes avec celles qui alimentent l'Etablissement municipal. Il est résulté de cette richesse extraordinaire de Bagnères en eaux minérales, qu'une foule de propriétaires ont fondé de petits établissements qui, sans présenter, sous le rapport de l'abondance et de la variété des eaux ni sous celui des moyens d'administration dont on y dispose, des ressources comparables à celles qu'on trouve dans l'établissement fondé par la ville, nuisent à ce dernier, se nuisent mutuellement et causent un préjudice notable à la localité tout entière.

---

(1) Ce que dit là M. Filhol était vrai surtout il y a quelques années. Mais, depuis trois ou quatre ans, Bagnères-de-Bigorre reprend sa vogue. Les recettes croissantes des Thermes et de l'Octroi municipal prouvent que chaque saison y ramène maintenant un plus grand nombre de baigneurs, et, grâces aux savantes et consciencieuses études de M. Filhol, qui mettent désormais hors de doute la richesse et la variété de ses eaux salines; grâces à l'adjonction de la précieuse source *sulfureuse de Labassère*, que Bagnères-de-Bigorre possède maintenant en buvette et en bains à l'hydrofère; grâces aussi au chemin de fer qui va y passer, la ville thermale des Romains *(Vicus Aquensis)*, de Jeanne d'Albret, de Mme de Maintenon, de Ramond et de Rossini va remonter au premier rang des stations thermales. *(Note de l'Editeur.)*

Rien, du moins dans la composition chimique, ne justifie les propriétés toutes spéciales qu'on attribue aux sources exploitées dans la plupart de ces établissements; tout, au contraire, autorise à les considérer comme semblables à celles des thermes de la ville. Ces sources ont probablement une origine commune, et les nuances qu'on observe dans leur richesse minérale sont dues sans aucun doute à des circonstances accidentelles qui se produisent dans leur trajet souterrain.

L'exactitude des considérations auxquelles je viens de me livrer ressortira, je l'espère, des détails dans lesquels je vais entrer relativement à la composition chimique des eaux de Bagnères-de-Bigorre.

Ces eaux sont classées depuis longtemps parmi les eaux salines. Elles tiennent, en effet, en dissolution une quantité notable de sels, mais elles sont presque toutes ferrugineuses, et plusieurs d'entr'elles ne le cèdent pas, sous le rapport de la quantité de fer qu'elles renferment, à beaucoup d'eaux minérales très actives dont l'efficacité est attribuée surtout à l'élément ferrugineux. D'abondants dépôts de couleur ocracée, qu'on rencontre sur le trajet de ces sources, attestent qu'il en est ainsi. Cependant il en est quelques-unes dans lesquelles le fer, sans manquer absolument, existe en proportion beaucoup plus faible et presqu'inappréciable.

MM. Ganderax et Rozière ont publié un travail considérable sur la composition chimique et l'action thérapeutique des eaux de Bagnères. Ce travail, qui renferme une foule d'indications précieuses sur la nature et la quantité des divers sels tenus en dissolution dans ces eaux, laisse à désirer sous plusieurs rapports; aussi l'administration municipale de Bagnères a-t-elle jugé convenable que de nouvelles analyses fussent exécutées avec les moyens plus parfaits dont on dispose aujourd'hui.

Les recherches dont je vais donner les détails ont été exécutées en très grande partie auprès des sources.

J'ai pensé qu'il serait utile de faire précéder l'analyse des eaux d'un court exposé, dans lequel serait indiqué d'une manière précise tout ce qui est relatif au gisement des sources et à la manière dont elles ont été aménagées. Je ne pouvais mieux faire que de demander ces détails à l'habile ingénieur dont les remarquables travaux ont tant contribué à l'amélioration de tous les établissements thermaux des Pyrénées. Je vais donc rapporter textuellement la note que M. François a bien voulu me transmettre à ce sujet.

NOTE SUR LE GISEMENT & L'AMÉNAGEMENT

DES SOURCES MINÉRALES DE BAGNÈRES.

Les sources minérales de Bagnères se font jour au travers des terrains secondaires jurassique supérieur, crétacé inférieur. Les principaux griffons, tels que ceux de la Reine, du Dauphin, du Roc-de-Lannes, de Salies, de Théas et de Cazaux sont répartis à la limite inférieure de la formation crétacée, cette limite qui est en quelque sorte jalonnée par des affleurements d'ophite : aussi les rapports de position entre ces roches plutoniques et ces eaux minérales y sont-ils plus étroits. Le Dauphin, Roc-de-Lannes émergent du sein de l'ophite; le griffon de Salies marque le sommet d'un dick de cette roche.

La recherche et le captage des sources minérales de la ville de Bagnères ont été poursuivis avec persévérance de 1851 à 1860, sous ma direction, d'après un programme longuement étudié de 1851 à 1857. La découverte des sources a été continuée sans relâche, avec le concours de M. l'architecte Lias et sous l'inspection de M. d'Uzer, maire de Bagnères. On a successivement recherché et capté les sources du Foulon, des Yeux, de St-Roch, de la Rampe, de devant la maison Colomès, de Salies; les sources Romaines, celles du Platane, du Dauphin et du Roc-de-Lannes.

Par l'ensemble de ces travaux, le nombre des sources a été porté de huit à seize : quant aux ressources balnéaires, elles ont été élevées de 607,600 à 888,543 litres de 33°20 à 48°75.

Le débit et la température de chaque source sont :

	Débit.	Température.
Source de la Reine.	236,608	46°50
— du Dauphin.	144,000	48°75
— du Roc-de-Lannes.	24,681	47°80
— de la Rampe *.	7,540	43°00
— de St-Roch.	15,408	41°25
— du Foulon.	28,800	35°50
— des Yeux.	17,107	35°00
— du Platane*.	19,857	35°00
— de Fontaine-Nouvelle.	1,560	40°20
— de Salies.	245,000	50°80
— Romaine, nos 1 et 4*.	19,200	47°00
— — no 2*.	21,600	48°75
— — no 3*.	34,560	48°00
— — no 5*.	8,640	41°50
— de devant la maison Colomès*.	63,990	46°00
TOTAL.	888,543	»

Les températures qui figurent ici ont été observées aussi près que possible des griffons. Toutes ont été prises avec le même thermomètre. (1)

PROPRIÉTÉS PHYSIQUES & ORGANOLEPTIQUES

DES EAUX DE BAGNÈRES-DE-BIGORRE

Les eaux de Bagnères sont limpides, incolores, dépourvues d'odeur. Il en est pourtant quelques-unes qui exhalent une légère odeur sulfureuse due à la présence d'un peu de sulfure de calcium provenant de l'action réductrice qu'exercent sur le sulfate de chaux les matières organiques qu'elles rencontrent sur leur trajet. Ces dernières doivent être classées dans la catégorie des eaux sulfuré-calciques (source de Pinac.)

La saveur des eaux de Bagnères est styptique et atramentaire, quand on les prend aussi près que possible de leurs griffons; mais lorsqu'elles sont dépouillées, pendant un trajet plus ou moins long, du fer qu'elles contiennent, leur goût est légèrement amer sans aucune stypticité. Presque toutes les sources laissent déposer sur les parois des conduits qu'elles parcourent pour se rendre dans les réservoirs où on les conserve un dépôt floconneux de couleur rougeâtre dont je ferai

---

(1) Les sources nouvelles sont marquées d'un *. Celles de la Rampe et du Platane sont utilisées à l'étage du Foulon. Les autres attendent une destination dans un établissement annexe projeté et dont les plans sont mis à l'étude.

connaître plus loin la composition. Ce dépôt se concrète parfois et devient adhérent à la surface interne des tuyaux de conduite dont il revêt la forme.

PROPRIÉTÉS CHIMIQUES.

Les eaux de Bagnères ramènent au bleu la teinture de tournesol rougie par les acides. Cette propriété persiste quand même on les a privées par une longue ébullition des carbonates de chaux et de magnésie qu'elles tiennent en dissolution. Essayées au moyen des réactifs, elles se comportent ainsi qu'il suit :

Acide sulfhydrique........	Pas d'action appréciable.
Sulfhydrate d'ammoniaque..	Très légère teinte brune avec l'eau de certaines sources.
Ammoniaque.............	Précipité floconneux insoluble dans la potasse caustique.
Potasse..................	Précipité blanc.
Carbonate de soude........	*Idem.*
Tannin..................	Coloration violette avec l'eau de plusieurs sources prise au griffon.
Acide gallique.............	*Idem.*
Chlorure d'or.............	Pas d'action sensible.
Eau de chaux.............	Léger précipité blanc.
Azotate d'argent...........	Précipité blanc insoluble dans l'acide azotique.
Chlorure de barium........	Abondant précipité blanc insoluble dans l'acide azotique.
Oxalate d'ammoniaque......	Abondant précipité blanc.
Solution alcoolique de savon.	Grumeaux très nombreux.

Il résulte de ces réactions que les eaux de Bagnères renferment en abondance des sulfates et des chlorures à base de chaux et de magnésie. Elles prouvent en outre qu'elles tiennent en dissolution un ou plusieurs sels à réaction alcaline, et enfin qu'elles contiennent de l'acide carbonique et de l'oxyde de fer.

ANALYSE QUANTITATIVE.

Le mode opératoire suivi pour l'analyse des sources ayant été le même pour toutes, je le décrirai à propos de la source de la Reine, qui est l'une des plus importantes, et je me contenterai, lorsqu'il s'agira des autres, de rapporter les résultats définitifs que j'ai obtenus.

EAU DE LA SOURCE DE *LA REINE*.

Détermination des gaz tenus en solution.

1° J'ai rempli exactement d'eau minérale un ballon de verre, auquel j'ai adapté un tube propre à conduire le gaz. Ce tube était lui-même plein d'eau minérale, et se terminait par un tube de caoutchouc qui pénétrait sous une cloche remplie de mercure. Le poids de l'eau contenue dans le ballon était de 1050^{gr}. J'ai fait bouillir pendant demi-heure le liquide, en ayant soin de faire refroidir de temps en temps l'appareil, afin de laisser rentrer dans le ballon l'eau que contenait l'éprouvette où se trouvait le gaz, et de la soumettre de nouveau à l'ébullition. Un litre d'eau m'a fourni ainsi 26$^{c.c.}$25 d'un gaz incolore, sans odeur, n'entretenant pas la combustion.

Traité par la potasse caustique, il s'est réduit à 14$^{c.c.}$65.

Le résidu soumis à l'action du phosphore n'a pas sensiblement diminué de volume. Ce gaz était donc composé de :

Azote	14c.c.65
Oxygène	traces
Acide carbonique	11 60
Total	26c.c.25

Deux litres d'eau minérale ont été mêlés avec un excès de chlorure de barium ammoniacal. Le mélange a été conservé pendant vingt-quatre heures dans une bouteille qu'il remplissait en entier et qui était soigneusement bouchée. Au bout de ce temps, j'ai recueilli sur un filtre le dépôt qui s'était rassemblé au fond de la bouteille, je l'ai lavé à plusieurs reprises et je l'ai épuisé par de l'eau acidulée par l'acide azotique. Le carbonate de baryte s'étant ainsi transformé en azotate qui est entré en dissolution, j'ai décomposé ce dernier sel par l'acide sulfurique, et j'ai obtenu ainsi 0g450 de sulfate de baryte correspondant à 0g380 de carbonate ou à 0g100 d'acide carbonique.

Ce dosage a été effectué par la méthode des volumes, au moyen d'une dissolution titrée d'azotate d'argent. J'ai trouvé ainsi dans un kilogramme d'eau 0g1290 de chlore. Dosage du chlore.

Après avoir acidulé un kilogramme d'eau de la source de la Reine par de l'acide azotique pur, j'y ai versé un excès de chlorure de barium. Le précipité de sulfate de baryte qui s'est produit a été recueilli et lavé avec toutes les précautions convenables; il pesait, après avoir été séché, 3g728 correspondant à 1g2812 d'acide sulfurique. Dosage de l'acide sulfurique.

Un kilogramme d'eau de la même source ayant été mêlé avec un peu d'acide chlorhydrique pur, je l'ai fait évaporer à siccité. Le résidu sec a été maintenu pendant quelque temps à une température voisine du rouge sombre; je l'ai laissé refroidir et je l'ai épuisé ensuite par de l'eau mêlée d'un peu d'acide chlorhydrique. La silice qui a refusé de se dissoudre a été recueillie et lavée sur un filtre. Je l'ai fait sécher ensuite et j'ai inciné le filtre. Le poids de la silice était de 0g090, déduction faite de la cendre du filtre. Dosage de l'acide silicique.

Recherche du fluor.

Dix litres d'eau minérale acidulée par de l'acide chlorhydrique pur ont été réduits par évaporation à un quart de litre. J'ai versé dans la liqueur ainsi concentrée du sel ammoniac et un excès d'ammoniaque; il s'y est produit un léger précipité translucide qui a été recueilli sur un filtre et lavé à plusieurs reprises. J'ai fait dissoudre ce précipité dans de l'acide chlorhydrique, et j'ai fait évaporer la solution ainsi obtenue. Le résidu sec a été chauffé pour rendre insoluble la silice qu'il pouvait renfermer; je l'ai repris ensuite par de l'acide chlorhydrique faible, j'ai filtré la solution et je l'ai saturée par de l'ammoniaque. J'ai obtenu des flocons d'un blanc légèrement rougeâtre, que j'ai recueillis sur un filtre où je les ai soumis à des lavages réitérés. La matière encore humide a été enlevée de sur le filtre et introduite dans un petit creuset de platine, où je l'ai délayée dans de l'acide sulfurique pur et affaibli. J'ai recouvert le creuset avec une lame de quartz, dont la face tournée vers l'intérieur du vase était enduite d'une légère couche de cire. Quelques traits avaient été tracés sur la cire, afin de mettre à nu la surface du quartz sur un certain nombre de points. La face supérieure de la lame a été recouverte d'eau froide qu'on a renouvelée à plusieurs reprises pendant la durée de l'opération. Tout étant ainsi disposé, j'ai fait chauffer modérément le creuset pendant une heure. J'ai enlevé ensuite la couche de cire qui recouvrait la lame, et j'ai trouvé que celle-ci avait été très légèrement dépolie sur les points correspondants aux traits que j'avais tracés. L'eau de Bagnères contient donc des traces de fluorures.

Recherche de l'acide phosphorique.

La matière restée dans le creuset de platine a été épuisée par de l'alcool, j'ai filtré la solution et je l'ai concentrée pour chasser l'alcool. J'y ai ajouté ensuite de l'ammoniaque et du sulfate de magnésie; il s'y est produit un léger précipité de phosphate ammoniaco-magnésien.

Recherche de l'iode.

J'ai mêlé dix kilogrammes d'eau minérale avec une quantité de bicarbonate de potasse suffisante pour en précipiter la chaux, j'ai fait évaporer à siccité le mélange et j'ai épuisé le résidu sec par de l'alcool bouillant. La solution alcoolique a été évaporée à son tour, et a fourni un résidu blanc que j'ai fait dissoudre dans quelques gouttes d'eau distillée, à laquelle j'ai ajouté un peu de colle d'amidon. Ayant porté avec la plus grande précaution de petites quantités d'acide azotique dans le liquide ainsi préparé, je n'ai pas pu décéler l'existence de la plus légère trace d'iode.

Dosage de la chaux.

Un kilogramme d'eau minérale a été mêlé avec du sel ammoniac et de l'oxalate d'ammoniaque. Il s'est formé un abondant précipité d'oxalate de chaux, que j'ai lavé à plusieurs reprises à l'eau distillée. Je l'ai fait chauffer ensuite au rouge sombre pour le transformer en carbonate de chaux. Il pesait 1g4034 et contenait 0g7860 de chaux.

Dosage de la magnésie.

L'eau minérale dépouillée de la chaux par l'opération précédente a été réunie à l'eau provenant du lavage de l'oxalate de chaux; le tout a été réduit par évaporation à un petit volume et mêlé ensuite avec de l'ammoniaque et du phosphate de soude. Il s'est produit au sein du liquide un précipité blanc floconneux. J'ai rassemblé ce précipité sur un filtre, je l'ai lavé à plusieurs reprises avec de l'eau ammoniacale, je l'ai fait sécher et je l'ai calciné à la chaleur rouge. Le poids du pyrophosphate de magnésie ainsi obtenu était de 0g3412 représentant 0g1250 de magnésie.

Dosage de la soude.

Cinq kilogrammes d'eau de la même source ont été réduits par évaporation à un demi-litre. On a séparé par décantation le liquide du sulfate de chaux qui s'était déposé, on a lavé ce sel à plusieurs reprises avec un peu d'eau distillée qu'on a réunie à l'eau minérale concentrée. Après avoir versé dans celle-ci un excès d'eau de baryte, on a séparé par le filtre le précipité que ce réactif avait produit. La liqueur claire a été réunie à l'eau de lavage du précipité et mélangée avec du carbonate d'ammoniaque pour éliminer l'excès de baryte; le liquide a été soumis à une nouvelle filtration, le précipité de carbonate de baryte a été lavé à plusieurs reprises et l'eau de lavage a été réunie à la liqueur filtrée. On a fait évaporer la solution ainsi obtenue à une douce chaleur, après l'avoir acidulée par l'acide chlorhydrique pur. Le résidu sec a été chauffé à une température suffisante pour volatiliser le sel ammoniac qu'il renfermait. Il a été dissous après son refroidissement dans une petite quantité d'eau distillée, à laquelle on a mêlé un peu d'oxyde rouge de mercure; on a fait évaporer de nouveau à siccité ce mélange et on l'a calciné au rouge sombre. Le résidu de cette opération a été repris après son refroidissement par de l'eau distillée pour séparer la magnésie des chlorures alcalins. La solution de ces derniers a été enfin soumise à l'évaporation et elle a produit une masse saline pesant 1g2034. Elle était composée de chlorure de sodium; cependant le chlorure de platine y accusait l'existence d'une trace de chlorure de potassium.

Recherche de la lithine.

Ayant mêlé du phosphate de soude et de la soude caustique avec la solution des deux chlorures obtenus dans une opération pareille à celle que je viens de décrire, j'ai obtenu un léger précipité de phosphate sodico-lithique.

Recherche de la baryte et de la strontiane.

Je n'ai pu découvrir aucune trace de baryte ni de strontiane dans les eaux de Bagnères, mais j'en ai trouvé des traces dans les dépôts qu'elles abandonnent.

Recherche de l'ammoniaque

J'ai soumis à la distillation deux litres d'eau minérale, mêlée avec un peu de potasse caustique, en ayant soin de recueillir à part le premier tiers du produit distillé. Ce produit a été analysé au moyen d'une solution titrée d'acide sulfurique; il n'a pas saturé une quantité appréciable de cet acide.

Dosage de l'oxyde de fer.

Le résidu sec provenant de l'évaporation de dix litres d'eau de la source de la Reine a été épuisé par de l'acide chlorhydrique pur. On a versé dans la solution acide un excès d'ammoniaque et ensuite du sulfhydrate d'ammoniaque; il s'y est formé un léger précipité noir qui a été lavé à plusieurs reprises, puis redissous au moyen d'un peu d'eau régale. On a fait bouillir la solution acide, on l'a laissée refroidir ensuite et on l'a mêlée avec de l'ammoniaque en excès. Il s'y est produit un léger précipité rougeâtre qui a été recueilli, lavé et séché avec soin. Son poids était de 0g008. Il consistait en sesqui-oxyde de fer.

Le précipité dont il vient d'être question a été redissous dans l'acide chlorhydrique. J'ai neutralisé la solution aussi bien que possible, en y ajoutant de l'ammoniaque et j'ai précipité l'oxyde de fer au moyen du succinate d'ammoniaque. La liqueur séparée du précipité de succinate de fer a donné avec le sulfhydrate d'ammoniaque un léger précipité rose, composé de sulfure de manganèse.

Recherche de l'oxyde de manganèse

La recherche de l'arsenic a été faite sur les dépôts qui se forment dans les tuyaux de conduite que l'eau minérale parcourt pour aller de son griffon aux buvettes et baignoires. J'ai fait dissoudre dans de l'acide chlorhydrique pur dix grammes de ce dépôt, j'ai fait passer à travers la solution un courant d'acide sulfhydrique et j'ai laissé reposer la liqueur pendant vingt-quatre heures. Au bout de ce temps j'ai recueilli le dépôt qui s'y était produit, je l'ai soigneusement lavé à l'eau distillée, enfin je l'ai fait bouillir avec de l'acide azotique fumant. J'ai fait évaporer à siccité pour chasser l'excès d'acide et j'ai repris le résidu par de l'eau distillée. La solution ainsi obtenue a été introduite dans un appareil de Marsch qui avait été essayé à plusieurs reprises et ne fournissait pas la moindre trace d'arsenic. J'ai obtenu immédiatement de nombreuses taches arsenicales, très fortes et parfaitement caractérisées. Un gramme de ce dépôt ferrugineux contient assez d'arsenic pour qu'on puisse l'y déceler par ce moyen. Au reste, on peut aussi découvrir l'arsenic dans l'eau elle-même, surtout si l'on a le soin de la prendre à son griffon et d'opérer sur une quantité de liquide assez considérable; mais on ne l'y trouve plus aussi facilement lorsqu'on opère sur de l'eau prise loin de la source, car l'oxyde de fer qu'elle abandonne pendant son trajet, entraîne avec lui la presque totalité de l'arsenic. C'est à la suite de cette observation que, d'accord avec M. le docteur Subervie et M. François, j'ai conseillé de créer une buvette auprès du griffon de la source de la Reine. Les malades y trouveront l'avantage de boire une eau dans laquelle les principes les plus actifs se trouveront mieux conservés que dans celle des buvettes inférieures. C'est pour la

Recherche de l'arsenic.

même raison que j'ai conseillé de conduire l'eau des diverses sources, du griffon au lieu d'emploi, dans des conduits dont elle remplisse entièrement la capacité, afin d'amoindrir autant que possible l'action de l'air sur elles.

J'ajouterai, pour compléter cet exposé, que j'ai trouvé des traces de cuivre dans le dépôt ferrugineux de la source de la Reine.

Il résulte des recherches, dont je viens d'exposer les détails, qu'un kilogramme d'eau minérale de la source de la Reine a fourni les éléments suivants :

1° Gaz tenus en dissolution	Acide carbonique	11c04
	Azote	13 96
	Oxygène	traces
	Total	25c00

2° Principes fixes.	Acide carbonique faisant partie des carbonates	0g0246
	— sulfurique	1 2812
	— silicique	0 0900
	— phosphorique	traces
	Chlore	0 1290
	Fluor	traces
	Potasse	traces
	Soude	0 1275
	Chaux	0 7860
	Magnésie	0 1250
	Oxyde de fer	0 0008
	— de cuivre	traces
	— de manganèse	traces
	Lithine	traces
	Arsenic	traces
	Matière organique	traces
	Total	2g5641

Ces éléments peuvent, en s'unissant les uns aux autres, donner naissance à des sels très nombreux. Les considérations suivantes me paraissent de nature à faire connaître quels sont ceux dont l'existence dans l'eau thermale est la plus probable.

Lorsqu'on fait bouillir l'eau minérale pendant une demi-heure, en ayant soin de remplacer par de l'eau distillée celle qui s'évapore, il se produit un très léger précipité qui est composé de carbonate de chaux, de carbonate de magnésie et de sesqui-oxyde de fer.

Le poids de ce précipité est si faible, quand on n'opère que sur un kilogramme d'eau, qu'il est impossible de le déterminer avec exactitude. L'eau de Bagnères ne contient, d'après cela, que des traces de carbonates de chaux et de magnésie.

Un kilogramme d'eau de la Reine sature 0g1070 d'acide sulfurique anhydre : nous devons donc trouver, au nombre des éléments qui la minéralisent, des sels à réaction alcaline en quantité suffisante pour saturer cet acide.

Les sels à réaction alcaline qu'on rencontre ordinairement dans les eaux thermales, sont les carbonates ou les silicates alcalins ou terreux.

L'existence du carbonate ou du silicate de soude, dans une eau qui tient en dissolution des quantités notables de sels de chaux et de magnésie, est peu probable; car les lois de Bertholet permettent de prévoir qu'il s'établirait une double décomposition entre le sulfate de chaux et le carbonate ou le silicate de soude; il en serait de même avec le sulfate de magnésie.

Les carbonates de chaux et de magnésie peuvent très bien exister dans une eau du genre de celle qui nous occupe. Cherchons donc s'ils s'y trouvent en proportion suffisante pour satisfaire à la condition de saturer 0g1070 d'acide sulfurique.

D'après l'analyse, un kilogramme d'eau minérale renferme 0g0500 d'acide carbonique, soit libre, soit combiné. Des essais multipliés m'ont conduit à admettre que la moitié au moins de l'acide carbonique existe dans l'eau à l'état libre, ou plutôt qu'elle sert à constituer des bicarbonates de chaux et de magnésie. Ces essais ont consisté à doser directement l'acide carbonique dans le gaz que laisse dégager l'eau minérale lorsqu'on la fait bouillir en prenant toutes les précautions recommandées par M. Péligot.

J'ai contrôlé les résultats ainsi obtenus en faisant l'analyse de l'eau par l'excellent procédé de MM. Boutron et Boudet, c'est-à-dire au moyen de l'hydrotimètre. Voici les détails de l'opération :

1° Degré hydrotimétrique brut	185
2° Degré hydrotimétrique de l'eau privée de sels de chaux par l'oxalate d'ammoniaque	49
3° Degré hydrotimétrique de l'eau qui a bouilli pendant demi-heure	174,5
4° Degré hydrotimétrique de l'eau bouillie et privée de sels de chaux	44

La première opération représente la somme des actions des sels de chaux, de magnésie, de potasse, de soude, de l'acide carbonique, etc.

La deuxième montre que sur les 185° hydrotimétriques, 49 doivent être attribués à des sels autres que des sels de chaux. Il reste donc pour ces derniers 185° — 49, c'est-à-dire 136.

Le troisième essai 177,5 réduit à 174,5 après correction, pour le carbonate de chaux qui reste dissous, représente les sels de magnésie et les sels de chaux autres que les carbonates.

185 — 174,5 = 10,5 représente donc le carbonate de chaux et l'acide carbonique.

Le quatrième essai conduit à représenter par 44 la part du degré hydrotimétrique total qui doit être attribué aux sels de magnésie et aux sels alcalins. Si l'on ajoute à ce chiffre celui qui représente le degré hydrotimétique des sels de chaux, on trouve 44 + 136 = 180. Il reste donc 5 pour l'acide carbonique libre ou faisant partie des bicarbonates. Or cinq degrés hydrotimétriques représentent 0g0250 d'acide carbonique.

L'analyse directe indiquait 0g0228.

Mais la somme des degrés hydrotimétriques du carbonate de chaux et de l'acide carbonique étant égale à 10,5 on voit qu'il reste 5,5 pour le carbonate de chaux, ce qui correspond à 0g0568 de ce sel, qui contiennent 0g0250 d'acide carbonique.

Le chiffre total de cet acide serait de 0g0478.

Le dosage à l'état de carbonate de baryte indique 0g0500.

Les indications de l'hydrotimétrie conduisent donc à attribuer à l'eau de la source qui nous occupe la composition suivante :

Acide carbonique.......	5°	=	0g0250
Carbonate de chaux.....	5°5	=	0 0568
Sulfate de chaux........	130°5	=	1 8270
Sulfate de magnésie et sels alcalins...	44		

0g0568 de carbonate de chaux saturent 0g0456 d'acide sulfurique. Il reste donc 0g0 604 de cet acide qui doivent être saturés par d'autres sels.

Un kilogramme d'eau de la Reine contient 0g0900 de silice. Si nous admettons que la silice est combinée à de la chaux, nous sommes conduits à trouver qu'un kilogramme d'eau minérale contient 0g1106 de silicate de chaux, qui exigeraient pour leur saturation 0g0604 d'acide sulfurique. Il reste encore 0g0217 d'acide silicique.

On peut se demander si le silicate de chaux est assez soluble pour exister dans une eau minérale en aussi forte proportion ; mais en n'admettant pas cette solubilité, on serait conduit à considérer l'eau comme contenant à la fois du sulfate de chaux et une notable quantité de silicate de soude. Quoi qu'il en soit, l'eau de Bagnères est alcaline, ce qu'on n'avait pas constaté jusqu'à ce jour.

Alcalinité de l'eau de Bagnères.

En acceptant la répartition des éléments que je viens d'indiquer, on se rend compte de la présence simultanée, dans le dépôt que fournissent les eaux de Bagnères, d'une quantité considérable de silice, d'une très faible quantité de carbonate de chaux et d'une trace seulement de carbonate de magnésie. On conçoit en effet que l'acide carbonique de l'air agissant sur le silicate de chaux puisse le décomposer, en produisant du carbonate de chaux dont la majeure partie reste en solution, et de la silice qui se dépose entraînant avec elle la petite quantité de carbonate de chaux qui n'a pas pu rester dissoute. Cette silice est mêlée avec l'oxyde de fer, dont la séparation est due surtout à l'action de l'oxygène de l'air, qui fait passer à l'état de sesqui-oxyde le carbonate de protoxyde primitivement contenu dans l'eau.

Le reste des éléments de l'eau minérale pourrait être réparti ainsi qu'il suit :

Si l'on déduit du chiffre qui représente la totalité de la chaux la quantité de cette base qui fait partie du carbonate et du silicate, il reste 0g7124 de chaux.

On peut admettre que cette chaux est combinée en entier avec de l'acide sulfurique ; on peut aussi supposer qu'elle existe dans l'eau thermale, partie à l'état de sulfate de chaux et partie à l'état de chlorure de calcium. (La totalité du chlore ne suffisant pas pour produire du chlorure de calcium avec 0g7327 de chaux, il faut de toute nécessité reconnaître l'existence du sulfate de chaux.)

Le partage qu'on devrait établir, si l'on voulait s'en tenir à l'existence simultanée du sulfate de chaux et du chlorure de calcium, serait nécessairement arbitraire ; car il faudrait admettre que l'eau contient du sulfate de soude, et dans l'état actuel de la science on ne peut pas déterminer avec certitude quel est le mode de distribution des éléments dans un liquide qui contient à la fois du chlore, de l'acide sulfurique, de la chaux et de la soude. Si l'on considère que les eaux du genre de celles qui nous occupent naissent presque toujours au voisinage des roches éruptives qui portent le nom d'ophites, si l'on se rappelle en outre que le sulfate de chaux et le sel marin se trouvent souvent mélangés dans des terrains qui avoisinent ces roches, on trouvera naturel de penser que le chlore se trouve dans l'eau de Bagnères à l'état de chlorure de sodium, et que la chaux y existe à l'état de sulfate.

0g7124 de chaux produisent, en s'unissant à 1g0177 d'acide sulfurique, 1g7301 de sulfate de chaux.

J'admets que la magnésie existe dans l'eau surtout à l'état de sulfate, et je me fonde sur la présence fréquente du sulfate de magnésie en nature dans les terrains où se trouvent à la fois le gypse et le sel marin.

0g1250 de magnésie exigent pour leur saturation 0g2420 d'acide sulfurique et produisent 0g3670 de sulfate de magnésie.

Si de 1g3120 d'acide sulfurique nous déduisons 1g2590, qui font partie des sulfates de chaux et de magnésie, il reste 0g0154 de cet acide, qui pourront former, avec 0g0120 de soude, 0g229 de sulfate de soude.

Enfin le chlore sera considéré comme existant à l'état de chlorure de sodium.

0g1130 de soude exigent 0g1290 de chlore et donnent 0g2130 de ce sel.

Je propose donc de représenter, ainsi qu'il suit, la composition chimique de l'eau de la source de la Reine :

Eau, un kilogramme.

Azote	13c 96
Acide carbonique	11 04
Oxygène	traces
TOTAL	25c 00

Substances fixes :

Sulfate de chaux	1g7301
— de magnésie	0 3670
— de soude	0 0229
— de potasse	traces
Chlorure de sodium	0 2120
Fluorure de calcium	traces
Phosphate de chaux	traces
Carbonate de chaux	0 0570
— de magnésie	0 0034
— de lithine	traces
Silicate de chaux avec excès de silice	0 1377
Arsenic	traces
A reporter	2g5301

Report.........	2g5301
Oxyde de fer................	0 0008
— de manganèse........	traces
— de cuivre.............	traces
Matière organique...........	traces
TOTAL.........	2g5309

Si l'on attribue au carbonate de chaux et au carbonate de magnésie la quantité d'acide carbonique nécessaire pour les transformer en bicarbonates, on trouve que le résidu total est 2g5281, nombre qui s'éloigne peu de celui qu'a fourni le dosage des éléments isolés. La différence provient en partie de ce que plusieurs corps dont la proportion était très faible n'ont pas été mis en ligne de compte (sels de potasse, de manganèse, fluorures, arsenic, matière organique); elle provient aussi en partie des erreurs qui sont inévitables dans des analyses aussi compliquées.

Je me suis assuré que le fer existe à l'état de sel de protoxyde dans l'eau prise à son griffon, et qu'alors elle ne tient en dissolution que des traces d'oxygène; mais aussitôt qu'elle arrive à l'air, elle en dissout une certaine quantité, le fer passe à un degré supérieur d'oxydation et se dépose en même temps que la silice qui provient de la décomposition des silicates et un peu de carbonate de chaux et de magnésie.

L'eau minérale de la Reine contient une quantité d'acide carbonique à peine supérieure à celle qui est nécessaire pour former des bicarbonates avec la chaux et la magnésie; elle doit donc être très altérable à l'air. La température élevée de cette source doit d'ailleurs contribuer à rendre cette altérabilité encore plus grande.

Ce qui prouve qu'il en est ainsi, c'est qu'on trouve dans les tuyaux de conduite, qui amènent l'eau dans les réservoirs, des dépôts d'oxyde de fer aussi abondants que ceux dont on observe la formation dans les eaux ferrugineuses les mieux caractérisées.

En perdant à la fois du fer, du cuivre, de l'arsenic, des silicates, des phosphates et des fluorures, l'eau doit perdre une partie de ses propriétés les plus importantes. Faut-il s'étonner alors de voir la source de Salies, qui arrive à son point d'émergence sans avoir subi le contact de l'air, être l'objet d'une prédilection marquée de la part des gens du peuple, qui la boivent avec confiance, qui vont y baigner leurs plaies et qui retirent de son usage les résultats les plus avantageux.

Rien n'est plus facile que de placer les autres sources dans des conditions pareilles; il faut, pour éviter leur altération, les soustraire au contact de l'air pendant leur trajet des griffons aux lieux d'emploi. C'est ce que l'administration de Bagnères-de-Bigorre a parfaitement compris; aussi a-t-elle décidé, d'après les conseils de M. le docteur Subervie, inspecteur de Bagnères, qu'une buvette serait établie au griffon même de l'une des plus belles sources, la source de la Reine, et que les eaux seraient conduites dans l'établissement avec toutes les précautions nécessaires pour n'éprouver dans leur trajet aucune déperdition.

Si l'on compare le résultat de l'analyse qui précède à celui de l'analyse de MM. Ganderax et Rozière, on remarquera des différences notables :

La quantité de carbonate de chaux et de magnésie que j'ai trouvée dans l'eau de la Reine est inférieure à celle qui a été trouvée dans le travail de ces savants; mais l'essai alcalimétrique, l'essai hydrotimétrique et le dosage direct de l'acide carbonique prouvent que l'eau est moins riche en carbonates terreux que ne l'indiquent ces analyses. Il est aisé de s'assurer que les dépôts abandonnés par l'eau minérale sont formés presque en entier de sulfate de chaux. Une différence beaucoup plus importante est celle qui porte sur la quantité de fer, qui, d'après MM. Ganderax et Rozière, s'élève à 0g0800. Je ne sais si les eaux de Bagnères ont contenu autrefois huit centigrammes de fer par litre, mais je puis affirmer que la dose qu'elles contiennent aujourd'hui ne dépasse pas un milligramme. Cette quantité est suffisante pour leur communiquer une saveur styptique bien prononcée.

MM. Rozière et Ganderax admettent l'existence du chlorure de magnésium et du sulfate de soude, tandis que j'admets celle du chlorure de sodium et du sulfate de magnésie. J'ai dit plus haut pourquoi je préférais cette manière de voir.

Enfin j'ai signalé dans les eaux de Bagnères des silicâtes, des traces d'arsenic, de phosphates, de fluorures, de lithine, de manganèse, de cuivre et de sels de potasse.

La surface des tuyaux qui servent à conduire l'eau de la source de la Reine du griffon aux lieux d'emploi se recouvre, au bout d'un certain temps, d'un dépôt de couleur de rouille. Ce dépôt se forme par couches successives et prend une apparence feuilletée analogue à celle de certains schistes. Il a une consistance ferme et diffère par sa forme de la plupart des dépôts que produisent les eaux ferrugineuses.

L'analyse y décèle une quatité notable de fer, en partie à l'état de protoxyde, un peu de manganèse, de l'arsenic, des carbonates de chaux et de magnésie, de la silice hydratée, des traces de fluorures, de cuivre et de phosphates.

100 parties de ce dépôt séché avec soin ont donné :

Sesqui-oxyde de fer avec traces de protoxyde...	73,530
Carbonate de chaux..........................	4,230
— de magnésie..........................	traces
— de manganèse..........................	1,000
Silice..	20,780
Arseniate de chaux..........................	0,460
Phosphates....................................	traces
Fluorures.....................................	traces
Oxyde de cuivre..............................	traces
TOTAL.............	100,000

On conçoit combien il est important d'empêcher un pareil dépôt de se produire, puisqu'il est constitué en grande partie par des substances qui sont incontestablement de nature à communiquer de l'activité au liquide thermal.

Je vais maintenant présenter dans un tableau la composition chimique des autres sources :

NOMS des SOURCES.	Poids des matières fixes par kilog. d'eau.	Chlore.	Acide sulfurique.	Soude.	Chaux.	Magnésie	Oxide de fer.	Oxide de manganèse.	Acide silicique	Acide carbonique.	Arsenic.	Fluor.	Phosphates.	»
Source du Dauphin.....	2,5823	0,1280	1,2806	0,1262	traces	0,7870	0,1257	0,0007	0,0900	0,0560	traces	traces	traces	»
— de Salies.	2,5939	0,1280	1,2680	0,1299	id.	0,7997	0,1269	0,0007	0,0896	0,0550	id.	id.	id.	»
— du Foulon......	2,5441	0,1280	1,2780	0,1252	id.	0,7858	0,1257	0,0007	0,0896	0,0680	id.	id.	id.	»
— du Platane......	2,5694	0,1278	1,2736	0,1287	id.	0,7850	0,1199	traces	0,0874	0,0570	id.	id.	id.	»
— de St-Roch......	2,5832	0,1280	1,2854	0,1234	id.	0,7848	0,1277	id.	0,0879	0,0560	id.	id.	id.	»
— des Yeux.	2,4425	0,1156	1,2397	0,1011	id.	0,7730	0,1227	id.	0,0849	0,0650	id.	id.	id.	»
— Roc de Lannes...	2,4750	0,1199	1,2347	0,1191	id.	0,7594	0,1175	id.	0,0779	0,0565	id.	id.	id.	»
Fontaine Nouvelle......	2,5625	0,1216	1,2829	0,1170	id.	0,7852	0,1249	id.	0,0849	0,0660	id.	id.	id.	»
Source de la Rampe.....	2,6278	0,1236	1,3109	0,1226	id.	0,8002	0,1269	0,0006	0,0896	0,0580	id.	id.	id.	»
— des Pauvres.	2,5809	0,1280	1,2793	0,1277	id.	0,7855	0,1253	traces	0,0896	0,0555	id.	id.	id.	»
— de Colomès nº1..	2,4900	0,1057	1,2492	0,1051	id.	0,7768	0,1170	id.	0,0892	0,0570	id.	id.	id.	»
— de Colomès nº2..	2,4663	0,1205	1,2310	0,1162	id.	0,7584	0,1175	id.	0,0787	0,0540	id.	id.	id.	»

Je propose de grouper comme il suit les éléments minéralisateurs :

NOMS des SOURCES.	Sulfate de chaux.	Sulfate de magnésie	Sulfate de soude.	Sulfate de potasse	Chlorure de sodium.	Carbonate de chaux	Carbonate de magnésie	Carbonate de fer.	Carbonate de manganèse.	Matière organique.	Fluorure de calcium.	Phosphate de chaux.	Arseniate de soude.	Silicate de chaux.	Résidu total sur 1 kil^e d'eau.
Source du Dauphin...	1,7332	0,3662	0,0314	traces	0,2120	0,0570	0,0034	0,0011	traces	traces	traces	traces	traces	0,1356	2,5399
— de Salies.....	1,7352	0,3727	0,0399	id.	0,2120	0,0580	0,0034	0,0011	id.	id.	id.	id.	id.	0,1350	2,5573
— du Platane....	1,7313	0,3692	0,0292	id.	0,2120	0,0570	0,0034	0,0013	id.	id.	id.	id.	id.	0,1350	2,5584
— de St-Roch....	1,7338	0,3517	0,0389	id.	0,2107	0,0560	0,0032	traces	id.	id.	id.	id.	id.	0,1315	2,5258
— Roc de Lannes.	1,7359	0,3750	0,0297	id.	0,2120	0,0560	0,0032	0,0005	id.	id.	id.	id.	id.	0,1323	2,5446
— du Foulon....	1,6798	0,3603	0,0251	id.	0,1906	0,0660	0,0038	traces	id.	id.	id.	id.	id.	0,1375	2,4631
Fontaine Nouvelle....	1,6791	0,3450	0,0350	id.	0,1977	0,0640	0,0031	id.	id.	id.	id.	id.	id.	0,1262	2,4501
Source de la Rampe...	1,7425	0,3670	0,0266	id.	0,2005	0,0490	0,0029	id.	id.	id.	id.	id.	id.	0,1274	2,5159
— des Pauvres...	1,7619	0,3728	0,0443	id.	0,2037	0,0580	0,0031	0,0006	id.	id.	id.	id.	id.	0,1350	2,5794
— Colomès n° 1..	1,7290	0,3680	0,0350	id.	0,2120	0,0570	0,0030	traces	id.	id.	id.	id.	id.	0,1350	2,5390
— Colomès n° 2..	1,7108	0,3437	0,0299	id.	0,1742	0,0570	0,0038	id.	id.	id.	id.	id.	id.	0,1345	2,4539
— des Yeux.....	1,6840	0,3452	0,0250	id.	0,1986	0,0570	0,0034	id.	id.	id.	id.	id.	id.	0,1275	2,4403

On ne peut s'empêcher, après avoir parcouru ce tableau, d'être frappé de l'identité de composition des principales sources de Bagnères. Je dis l'identité de composition, quoiqu'on observe de légères différences, parce que ces différences sont plutôt apparentes que réelles, et dépendent de l'imperfection de l'analyse; on conçoit, en effet, qu'il soit impossible au chimiste de n'éprouver aucune perte dans le cours de son travail, alors surtout qu'il s'agit d'isoler tous les éléments d'un liquide aussi complexe. Il est certain, en effet, que si l'on fait plusieurs analyses de la même eau, ces analyses donneront des résultats très rapprochés les uns des autres, mais non identiques.

Je n'hésite pas à considérer les sources du Dauphin, de Salies, de la Reine, du Platane, de St-Roch, de Roc-de-Lannes et Colomès n° 1, comme ayant une origine commune; leur identité ressort clairement du dosage des chlorures par une solution titrée d'azotate d'argent, de celui des sels de chaux, par l'hydrotimétrie, et de l'essai alcalimétrique de l'eau. Les différences de température s'expliquent naturellement par la durée et les conditions diverses du trajet de chacun des filets dérivés de la source principale.

Voici les résultats obtenus par les moyens dont je viens de parler :

NOMS DES SOURCES.	DEGRÉ BRUT	DEGRÉ de l'eau qui a bouilli pendant demi-heure.	DEGRÉ de l'eau privée de sels de chaux	DEGRÉ de l'eau bouillie et privée de sels de chaux
Salies.	188	177	49	44
Dauphin.	186	175	48,7	44
Reine.	186	175	49	43,7
Roc-de-Lannes.	186	175	49	44
St-Roch.	186	175	49	44
Source du Platane.	186	175	49	44
Source des Pauvres.	186	175	49	44
Colomès n° 1.	188	176	50	44

Quantité d'acide sulfurique saturé par un kilogramme d'eau :

Noms des Sources.	
Salies.	0g 107
Dauphin.	0 107
Reine.	0 107
St-Roch.	0 105
Roc-de-Lannes.	0 105
Platane.	0 107
Source des Pauvres.	0 109
Colomès n° 1.	0 109

NOMS DES SOURCES.	NOMBRE DES DIVISIONS de la liqueur titrée d'azotate d'argent nécessaire pour précipiter les chlorures contenus dans un litre d'eau.
Salies.	299
Dauphin.	299
Reine.	298
Roc-de-Lannes.	298
St-Roch.	297
Platane.	299
Source des Pauvres.	298
Colomès n° 1.	299

Je ne crois pas nécessaire d'insister sur la portée des faits que je viens d'exposer, ils me paraissent de nature à ne laisser aucun doute relativement à l'identité de ces sources.

Je dois avertir pourtant ceux qui voudraient contrôler l'exactitude de mes analyses qu'ils pourraient obtenir des résultats différents, si, après avoir examiné l'eau de l'une de ces sources, ils attendaient plusieurs jours ou plusieurs mois avant d'examiner celle qu'ils voudraient lui comparer; j'ai observé que ces eaux, comme toutes les eaux minérales qui ont été bien étudiées, éprouvent d'une époque de l'année à l'autre des variations telles que toute comparaison du genre de celles que je viens d'indiquer serait impossible, si l'on ne prenait pas les eaux que l'on veut comparer le même jour, et si l'on n'avait pas en outre le soin de les mesurer après les avoir laissé refroidir, pour les comparer à la même température.

On conçoit, d'après ce qui précède, combien je suis éloigné d'admettre la différence de composition signalée par MM. Ganderax et Rozière, qui trouvent dans certaines sources du sulfate de soude sans aucune trace de sulfate de magnésie, et dans d'autres du sulfate de magnésie sans sulfate de soude. Etablir de pareilles différences entre des eaux qui renferment des quantités à peu près identiques de chlore, d'acide sulfurique, d'acide carbonique, de chaux, de magnésie et de soude, c'est évidemment commettre une erreur.

Je considère donc ces diverses sources comme ayant la même origine, mais je n'en conclus pas qu'elles pourraient être substituées les unes aux autres sans inconvénient. En effet, les unes ont perdu pendant leur trajet une partie du fer, de l'arsenic et du manganèse qu'elles contenaient primitivement, les autres ont conservé ces éléments actifs. Les températures de chacune d'elles sont différentes et il faut bien en tenir compte.

Je regarde comme précieuse l'association de l'élément ferrugineux à l'élément salin que l'on rencontre dans les eaux de Bagnères, et je suis persuadé que des malades qui ne supporteraient pas l'usage d'une eau simplement ferrugineuse, supporteraient souvent avec beaucoup plus de facilité celle d'une eau dans laquelle le fer est accompagné de quantités plus ou moins notables de sulfates de magnésie, de soude, de chaux.

Il est hors de doute que les eaux minérales, dans lesquelles l'analyse chimique constate la présence d'une dose un peu forte de sulfate de chaux, de magnésie et de soude, produisent en général un effet purgatif.

On sait d'autre part que l'un des inconvénients qu'amène assez souvent la médication ferrugineuse, est une constipation plus ou moins forte qui oblige les malades à suspendre l'usage des préparations de fer. Je ne sais si je m'abuse, mais je suis persuadé que cet inconvénient doit être fort amoindri, lorsque l'élément ferrugineux est associé à l'élément salin. Aussi les eaux de Bagnères offrent, sous ce rapport, au médecin les ressources les plus variées, puisque les unes sont simplement salines (Foulon), d'autres salines très légèrement ferrugineuses (St-Roch), d'autres enfin franchement ferrugineuses (Salies, Dauphin, Reine.)

Parmi les sources de Bagnères, il en est quelques-unes qui se distinguent par une température moins élevée, une richesse moindre en éléments minéraux, par une alcalinité plus forte et par l'absence presque absolue de fer.

Je citerai surtout celle du Foulon, qui passe depuis longtemps pour jouir de propriétés sédatives que les autres sources ne possèdent pas, au moins au même degré. En résumé, le groupe d'eaux salines sulfatées de Bagnères est incontestablement le plus riche et le plus varié de tous ceux qui existent dans les Pyrénées.

Aux avantages déjà considérables qui résultent de l'abondance des eaux minérales et de leurs variétés, se joignent ceux qui proviennent des ressources que l'administration de Bagnères a mises à la disposition des médecins et des malades dans le bel établissement qu'elle a fait construire. Je laisse au savant inspecteur de ces eaux le soin de faire connaître les nombreux moyens dont on dispose à Bagnères pour utiliser les propriétés thérapeutiques de l'eau minérale, et d'indiquer ce qu'il y aurait encore à faire pour tirer le plus grand parti possible des ressources qu'on trouve dans cette belle station thermale.

Si l'on ajoute à toutes les circonstances avantageuses dont je viens de donner le détail, que la ville de Bagnères est située dans l'une des régions les plus fertiles de la chaîne des Pyrénées, qu'elle est entourée des promenades les plus gracieuses et les plus variées et qu'on y trouve de nombreux moyens de distraction, on comprendra facilement que cette charmante ville soit, tous les ans, un lieu de rendez-vous d'une foule d'étrangers, qui viennent y chercher le repos de l'esprit ou le rétablissement de leur santé.

Je n'ai rien dit encore de la source Ferrugineuse de Bagnères; je l'ai pourtant analysée avec soin, et je vais faire connaître les résultats de mon travail, en supprimant tous les détails relatifs au mode opératoire que j'ai suivi.

SOURCE FERRUGINEUSE.

Eau, un kilogramme.

Carbonate de chaux	0g0500
— de magnésie	0 0070
— de fer (mêlé de crénate)	0 0017
Sulfate de chaux	0 0321
— de magnésie	0 0220
— de soude	traces
Chlorure de sodium	0 0470
— de potassium	traces
Silicate de chaux	0 0230
Oxyde de manganèse	traces
Arsenic	traces
Cuivre	traces
Iode	traces
TOTAL	0g1828

Comme on le voit, cette eau n'est pas beaucoup plus ferrugineuse que celle de Salies et du Dauphin, mais elle ne contient pas une aussi grande quantité de sels de chaux et de magnésie que ces dernières; aussi son usage peut-il être avantageux dans les cas où celui d'une eau saline présenterait des inconvénients.

Il est aisé de se rendre compte de l'origine de cette eau minérale, quand on parcourt les galeries qui ont été creusées dans la montagne où elle jaillit; on y trouve, en effet, une quantité considérable de fer oligiste, mêlé très souvent avec des pyrites. On conçoit aisément que les matières organiques provenant des eaux superficielles, réagissant sur l'oxyde de fer en même temps que l'oxygène et l'acide carbonique de l'air, produisent le carbonate et le crénate de fer qu'on trouve dans cette eau.

En résumé, les sources de Bagnères-de-Bigorre sont minéralisées par des substances dont l'activité n'est pas douteuse; ces sources sont abondantes, leurs températures sont variées; il en est de même de leur richesse relative en éléments minéralisateurs : aussi peuvent-elles satisfaire à une foule d'indications. Enfin ces eaux sont conduites dans un magnifique établissement thermal, où l'on dispose, pour les administrer, des principaux appareils de l'hydrothérapie. Je ne ferai aucune hypothèse sur les causes probables de l'action thérapeutique des sources de Bagnères. Il me suffit d'avoir indiqué, avec toute la précision que comporte l'état actuel de la science, la nature et la quantité des substances qu'elles tiennent en dissolution, et d'avoir montré qu'elles sont constituées comme la plupart des eaux les plus estimées par les médecins.

J'ai fini ma tâche. Celle du médecin commence, et je m'arrête pour ne pas empiéter sur les droits du praticien distingué que l'administration a chargé des eaux de Bagnères.

Toulouse, le 31 mars 1861.

FILHOL.

BAGNÈRES, IMPRIMERIE DOSSUN, PLACE NAPOLÉON.

www.ingramcontent.com/pod-product-compliance
Ingram Content Group UK Ltd.
Pitfield, Milton Keynes, MK11 3LW, UK
UKHW022159190726
13855UKWH00004B/1548

9 782013 442381